© 2024, Iris Léa Muriel

First edition

Historical and Cultural Introduction....................................... 2

- *The origin and evolution of π*
- *Its role in different cultures and eras*

The first 10,000 decimal places of π

Introduction to the Concept of the Book

Why a Book on π?

In a world where numbers and formulas can seem intimidating and distant from our daily lives, π (Pi) stands out as a symbol of universal fascination.

 This book is not just an exploration of one of the most famous mathematical constants; it is an invitation to discover a universe where mathematics, history, philosophy and everyday life meet in a surprising and captivating way.

Whether you are a student in search of knowledge, a mathematics enthusiast, or simply curious about the world, this book aims to make the concept of π accessible and alive.

π is not just a number; it is a gateway to a fascinating world of discoveries and mysteries.

Through this book, we will explore not only the mathematical aspects of π, but also its role in various cultures, its philosophical implications, and its practical applications.

Historical and Cultural Introduction

History of π: An Odyssey Through the Ages

The history of π is as old as the civilizations that sought to understand the world around them.

This journey begins in antiquity, where the first estimates of π emerge from the need to calculate areas and volumes.

From Babylonian tablets to Egyptian papyri, π has been a constant quest for increased precision.

In ancient Greece, iconic figures such as Archimedes approached π not only as a mathematical challenge, but also as a philosophical mystery.

Archimedes' approximation methods laid the foundation for our modern understanding of π, demonstrating an ingenuity that transcends eras.

Over the centuries, the exploration of π has crossed cultures and continents, with each civilization making its own contribution to the understanding of this number.

From Indian mathematicians like Aryabhata to scholars of the Islamic Middle Ages, π became a symbol of the universal quest for knowledge.

It is a story that reflects the evolution of human thought, mathematics, and our continuing relationship with the infinite.

Cultural Impact of π: An Influence Across the Eras

π has held a significant place in various cultures throughout history.

It is not only a subject of fascination for mathematicians, but a cultural phenomenon that has influenced art, literature, and even religion.

In art and architecture, π has been an essential tool for creating works of exquisite symmetry and proportion.

From Greek temples to Gothic cathedrals, the presence of π is a silent testimony to the search for perfection and harmony.

In literature, π has often been used as a metaphor to represent the infinite and the elusive.

From poems to novels, it symbolizes man's incessant exploration to understand the universe and his own existence.

Additionally, π has played a role in religious and spiritual practices, where it sometimes symbolizes the harmony and balance of the universe.

π has transcended mathematics to become an integral part of our cultural and intellectual heritage.

π Across Cultures and Times

π in Philosophy and Thought

π has always been more than just a number to philosophers and thinkers.

In ancient times, it symbolized harmony and perfection, ideals pursued in philosophy and art.

From Greek philosophers to Renaissance thinkers, π served as a bridge between the concrete and the abstract, the finite and the infinite.

This fascination has continued into the modern era, where π has become a subject for reflection on the nature of knowledge and the universe.

This section explores how π has inspired generations of thinkers to think about fundamental questions of existence and reality.

This unique number has influenced philosophical thought throughout the centuries and continues to provoke wonder and curiosity.

π in Tradition and Folklore

The impact of π also extends to the folklore and traditions of various cultures.

From folk stories to festivals, π has been celebrated and revered in unique and sometimes unexpected ways.

In some cultures, π is associated with specific rituals and celebrations, reflecting a deep appreciation of its mathematical and symbolic meaning.

These stories illustrate how a mathematical concept can intertwine with everyday life and beliefs, enriching our understanding of human culture and history.

Pi = 3.

1415926535 8979323846

2643383279 5028841971

6939937510 5820974944

5923078164 0628620899

8628034825 3421170679

8214808651 3282306647

0938446095 5058223172

5359408128 4811174502

8410270193 8521105559

6446229489 5493038196

4428810975 6659334461

2847564823 3786783165

2712019091 4564856692

3460348610 4543266482

1339360726 0249141273

7245870066 0631558817

4881520920 9628292540

9171536436 7892590360

0113305305 4882046652

1384146951 9415116094

3305727036 5759591953

0921861173 8193261179

3105118548 0744623799

6274956735 1885752724

8912279381 8301194912

9833673362 4406566430

8602139494 6395224737

1907021798 6094370277

0539217176 2931767523

8467481846 7669405132

600

0005681271 4526356082

7785771342 7577896091

7363717872 1468440901

2249534301 4654958537

1050792279 6892589235

4201995611 2129021960

8640344181 5981362977

4771309960 5187072113

4999999837 2978049951

0597317328 1609631859

5024459455 3469083026

4252230825 3344685035

2619311881 7101000313

7838752886 5875332083

8142061717 7669147303

5982534904 2875546873

1159562863 8823537875

9375195778 1857780532

1712268066 1300192787

6611195909 2164201989

●——————————● **1000** ●——————————●

3809525720 1065485863

2788659361 5338182796

8230301952 0353018529

6899577362 2599413891

2497217752 8347913151

5574857242 4541506959

5082953311 6861727855

8890750983 8175463746

4939319255 0604009277

0167113900 9848824012

8583616035 6370766010

4710181942 9555961989

4676783744 9448255379

7747268471 0404753464

6208046684 2590694912

9331367702 8989152104

7521620569 6602405803

8150193511 2533824300

3558764024 7496473263

9141992726 0426992279

1400

6782354781 6360093417

2164121992 4586315030

2861829745 5570674983

8505494588 5869269956

9092721079 7509302955

3211653449 8720275596

0236480665 4991198818

3479775356 6369807426

5425278625 5181841757

4672890977 7727938000

8164706001 6145249192

1732172147 7235014144

1973568548 1613611573

5255213347 5741849468

4385233239 0739414333

4547762416 8625189835

6948556209 9219222184

2725502542 5688767179

0494601653 4668049886

2723279178 6085784383

8279679766 8145410095

3883786360 9506800642

2512520511 7392984896

0841284886 2694560424

1965285022 2106611863

0674427862 2039194945

0471237137 8696095636

4371917287 4677646575

7396241389 0865832645

9958133904 7802759009

9465764078 9512694683

9835259570 9825822620

5224894077 2671947826

8482601476 9909026401

3639443745 5305068203

4962524517 4939965143

1429809190 6592509372

2169646151 5709858387

4105978859 5977297549

8930161753 9284681382

2200

6868386894 2774155991

8559252459 5395943104

9972524680 8459872736

4469584865 3836736222

6260991246 0805124388

4390451244 1365497627

8079771569 1435997700

1296160894 4169486855

5848406353 4220722258

2848864815 8456028506

0168427394 5226746767

8895252138 5225499546

6672782398 6456596116

3548862305 7745649803

5593634568 1743241125

1507606947 9451096596

0940252288 7971089314

5669136867 2287489405

6010150330 8617928680

9208747609 1782493858

•────────────• **2600** •────────────•

9009714909 6759852613

6554978189 3129784821

6829989487 2265880485

7564014270 4775551323

7964145152 3746234364

5428584447 9526586782

1051141354 7357395231

1342716610 2135969536

2314429524 8493718711

0145765403 5902799344

0374200731 0578539062

1983874478 0847848968

3321445713 8687519435

0643021845 3191048481

0053706146 8067491927

8191197939 9520614196

6342875444 0643745123

7181921799 9839101591

9561814675 1426912397

4894090718 6494231961

3000

5679452080 9514655022

5231603881 9301420937

6213785595 6638937787

0830390697 9207734672

2182562599 6615014215

0306803844 7734549202

6054146659 2520149744

2850732518 6660021324

3408819071 0486331734

6496514539 0579626856

1005508106 6587969981

6357473638 4052571459

1028970641 4011097120

6280439039 7595156771

5770042033 7869936007

2305587631 7635942187

3125147120 5329281918

2618612586 7321579198

4148488291 6447060957

5270695722 0917567116

3400

7229109816 9091528017

3506712748 5832228718

3520935396 5725121083

5791513698 8209144421

0067510334 6711031412

6711136990 8658516398

3150197016 5151168517

1437657618 3515565088

4909989859 9823873455

2833163550 7647918535

3600

8932261854 8963213293

3089857064 2046752590

7091548141 6549859461

6371802709 8199430992

4488957571 2828905923

2332609729 9712084433

5732654893 8239119325

9746366730 5836041428

1388303203 8249037589

8524374417 0291327656

1809377344 4030707469

2112019130 2033038019

7621101100 4492932151

6084244485 9637669838

9522868478 3123552658

2131449576 8572624334

4189303968 6426243410

7732269780 2807318915

4411010446 8232527162

0105265227 2111660396

•————————• **4000** •————————•

6655730925 4711055785

3763466820 6531098965

2691862056 4769312570

5863566201 8558100729

3606598764 8611791045

3348850346 1136576867

5324944166 8039626579

7877185560 8455296541

2665408530 6143444318

5867697514 5661406800

4200

7002378776 5913440171

2749470420 5622305389

9456131407 1127000407

8547332699 3908145466

4645880797 2708266830

6343285878 5698305235

8089330657 5740679545

7163775254 2021149557

6158140025 0126228594

1302164715 5097925923

4400

0990796547 3761255176

5675135751 7829666454

7791745011 2996148903

0463994713 2962107340

4375189573 5961458901

9389713111 7904297828

5647503203 1986915140

2870808599 0480109412

1472213179 4764777262

2414254854 5403321571

4600

8530614228 8137585043

0633217518 2979866223

7172159160 7716692547

4873898665 4949450114

6540628433 6639379003

9769265672 1463853067

3609657120 9180763832

7166416274 8888007869

2560290228 4721040317

2118608204 1900042296

4800

6171196377 9213375751

1495950156 6049631862

9472654736 4252308177

0367515906 7350235072

8354056704 0386743513

6222247715 8915049530

9844489333 0963408780

7693259939 7805419341

4473774418 4263129860

8099888687 4132604721

• ———————— • **5000** • ———————— •

5695162396 5864573021

6315981931 9516735381

2974167729 4786724229

2465436680 0980676928

2382806899 6400482435

4037014163 1496589794

0924323789 6907069779

4223625082 2168895738

3798623001 5937764716

5122893578 6015881617

5578297352 3344604281

5126272037 3431465319

7777416031 9906655418

7639792933 4419521541

3418994854 4473456738

3162499341 9131814809

2777710386 3877343177

2075456545 3220777092

1201905166 0962804909

2636019759 8828161332

5400

3166636528 6193266863

3606273567 6303544776

2803504507 7723554710

5859548702 7908143562

4014517180 6246436267

9456127531 8134078330

3362542327 8394497538

2437205835 3114771199

2606381334 6776879695

9703098339 1307710987

5600

0408591337 4641442822

7726346594 7047458784

7787201927 7152807317

6790770715 7213444730

6057007334 9243693113

8350493163 1284042512

1925651798 0694113528

0131470130 4781643788

5185290928 5452011658

3934196562 1349143415

5800

9562586586 5570552690

4965209858 0338507224

2648293972 8584783163

0577775606 8887644624

8246857926 0395352773

4803048029 0058760758

2510474709 1643961362

6760449256 2742042083

2085661190 6254543372

1315359584 5068772460

6000

2901618766 7952406163

4252257719 5429162991

9306455377 9914037340

4328752628 8896399587

9475729174 6426357455

2540790914 5135711136

9410911939 3251910760

2082520261 8798531887

7058429725 9167781314

9699009019 2116971737

6200

2784768472 6860849003

3770242429 1651300500

5168323364 3503895170

2989392233 4517220138

1280696501 1784408745

1960121228 5993716231

3017114448 4640903890

6449544400 6198690754

8516026327 5052983491

8740786680 8818338510

•———————————• **6400** •———————————•

2283345085 0486082503

9302133219 7155184306

3545500766 8282949304

1377655279 3975175461

3953984683 3936383047

4611996653 8581538420

5685338621 8672523340

2830871123 2827892125

0771262946 3229563989

8989358211 6745627010

6600

2183564622 0134967151

8819097303 8119800497

3407239610 3685406643

1939509790 1906996395

5245300545 0580685501

9567302292 1913933918

5680344903 9820595510

0226353536 1920419947

4553859381 0234395544

9597783779 0237421617

2711172364 3435439478

2218185286 2408514006

6604433258 8856986705

4315470696 5747458550

3323233421 0730154594

0516553790 6866273337

9958511562 5784322988

2737231989 8757141595

7811196358 3300594087

3068121602 8764962867

7000

4460477464 9159950549

7374256269 0104903778

1986835938 1465741268

0492564879 8556145372

3478673303 9046883834

3634655379 4986419270

5638729317 4872332083

7601123029 9113679386

2708943879 9362016295

1541337142 4892830722

7200

0126901475 4668476535

7616477379 4675200490

7571555278 1965362132

3926406160 1363581559

0742202020 3187277605

2772190055 6148425551

8792530343 5139844253

2234157623 3610642506

3904975008 6562710953

5919465897 5141310348

•————————————• **7400** •————————————•

2276930624 7435363256

9160781547 8181152843

6679570611 0861533150

4452127473 9245449454

2368288606 1340841486

3776700961 2071512491

4043027253 8607648236

3414334623 5189757664

5216413767 9690314950

1910857598 4423919862

7600

9164219399 4907236234

6468441173 9403265918

4044378051 3338945257

4239950829 6591228508

5558215725 0310712570

1266830240 2929525220

1187267675 6220415420

5161841634 8475651699

9811614101 0029960783

8690929160 3028840026

7800

9104140792 8862150784

2451670908 7000699282

1206604183 7180653556

7252532567 5328612910

4248776182 5829765157

9598470356 2226293486

0034158722 9805349896

5022629174 8788202734

2092222453 3985626476

6914905562 8425039127

•———————• **8000** •————————•

5771028402 7998066365

8254889264 8802545661

0172967026 6407655904

2909945681 5065265305

3718294127 0336931378

5178609040 7086671149

6558343434 7693385781

7113864558 7367812301

4587687126 6034891390

9562009939 3610310291

8200

6161528813 8437909904

2317473363 9480457593

1493140529 7634757481

1935670911 0137751721

0080315590 2485309066

9203767192 2033229094

3346768514 2214477379

3937517034 4366199104

0337511173 5471918550

4644902636 5512816228

8400

8244625759 1633303910

7225383742 1821408835

0865739177 1509682887

4782656995 9957449066

1758344137 5223970968

3408005355 9849175417

3818839994 4697486762

6551658276 5848358845

3142775687 9002909517

0283529716 3445621296

8600

4043523117 6006651012

4120065975 5851276178

5838292041 9748442360

8007193045 7618932349

2292796501 9875187212

7267507981 2554709589

0455635792 1221033346

6974992356 3025494780

2490114195 2123828153

0911407907 3860251522

8800

7429958180 7247162591

6685451333 1239480494

7079119153 2673430282

4418604142 6363954800

0448002670 4962482017

9289647669 7583183271

3142517029 6923488962

7668440323 2609275249

6035799646 9256504936

8183609003 2380929345

9000

9588970695 3653494060

3402166544 3755890045

6328822505 4525564056

4482465151 8754711962

1844396582 5337543885

6909411303 1509526179

3780029741 2076651479

3942590298 9695946995

5657612186 5619673378

6236256125 2163208628

6922210327 4889218654

3648022967 8070576561

5144632046 9279068212

0738837781 4233562823

6089632080 6822246801

2248261177 1858963814

0918390367 3672220888

3215137556 0037279839

4004152970 0287830766

7094447456 0134556417

9400

2543709069 7939612257

1429894671 5435784687

8861444581 2314593571

9849225284 7160504922

1242470141 2147805734

5510500801 9086996033

0276347870 8108175450

1193071412 2339086639

3833952942 5786905076

4310063835 1983438934

9600

1596131854 3475464955

6978103829 3097164651

4384070070 7360411237

3599843452 2516105070

2705623526 6012764848

3084076118 3013052793

2054274628 6540360367

4532865105 7065874882

2569815793 6789766974

2205750596 8344086973

9800

5020141020 6723585020

0724522563 2651341055

9240190274 2162484391

4035998953 5394590944

0704691209 1409387001

2645600162 3742880210

9276457931 0657922955

2498872758 4610126483

6999892256 9596881592

0560010165 5256375678

•——————• **10000** •————•

Thank You

I would like to express my deep gratitude to everyone who supported me in completing this project.

Your encouragement and support has been invaluable.

If you enjoyed this journey through the mysteries of π, I would be grateful if you would share your thoughts. Your opinion is valuable and will help other passionate readers discover this book.

Please take a moment to leave a review!

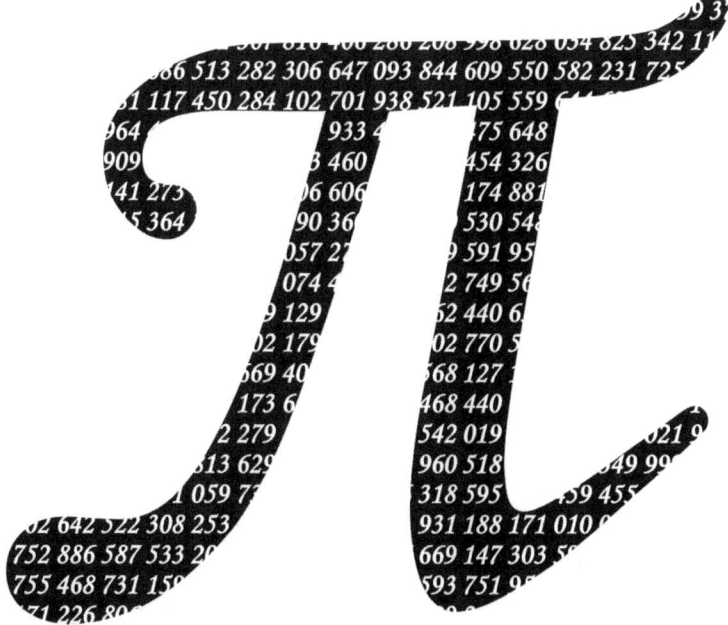

www.ingramcontent.com/pod-product-compliance
Lightning Source LLC
Chambersburg PA
CBHW071001290526
45795CB00005B/1736